孩子的第一套
安全自救书

在户外

平安成长比成功更重要

彭桂兰 主编

U0257548

农村读物出版社

平安成长比成功更重要

——编者序

根据专家调查结果发现，由于儿童本身的自制能力差，活泼好动，好奇心强，再加上社会的高速发展和环境的不断改变，近年来，我国少年儿童的伤亡率越来越高，加强少年儿童的自我保护意识已经迫在眉睫。

家长对孩子的关心，排在第一位的就是安全，第二是健康，第三才是成绩。因为没有安全，其他的都无从谈起。

从家庭到校园，再到户外，每个场所都有可能潜伏着危险。本套书站在少年儿童的角度，用生动有趣的漫画加上轻松活泼的游戏方式，把丛书分为三个系列——在家里、在学校、在户外篇。分别向小朋友讲述面对不同场景、不同情况下安全自救的基本常识。让小朋友在轻松愉快的阅读中，学到自我保护的本领，健康成长。

目录
Contents

6 过街要走斑马线

8 绿灯变红灯

10 汽车着火了

12 马路不是游乐场

14 紧急刹车

16 在街上迷路了

18 晕车好难受

20 哎呀！踩到钉子了

22 我好像中暑了

24 沙子吹进了眼睛

26 小蜜蜂不好惹

28 风筝缠在了大树上

30 在郊外迷路了

32 安全荡秋千

34 一不小心扭到脚

目录

Contents

36 小虫咬了我

38 衣服着火了

40 被小草划伤

42 恶狗挡道

44 耳朵进了小虫子

46 看到流浪的小动物

48 露营真开心

50 被球砸到眼睛

52 突然流鼻血

54 走在偏僻的马路上

56 坐飞机耳朵疼

58 有陌生人要送我回家

60 有人给我糖果和玩具

62 被困在电梯里

64 最危险的"游乐场"

目录
Contents

66　雪天外出要当心

68　被鞭炮炸伤了

70　掉进水里了

72　公交车上的怪叔叔

74　注意！有小偷

76　有毒的小动物

78　沙尘暴真吓人

80　电影院着火了

82　人群拥挤防踩踏

84　迷雾蒙蒙看不清

86　远离下水井

88　"不一样"的人

90　雷声隆隆雨来临

92　洪水滔滔莫惊慌

94　大地在摇晃

1 今天路上很堵车，丁丁和灵灵上学快要迟到了。

我们从这里过去吧，斑马线太远了。

2 眼看学校就在对面了，可离过街的斑马线还有一段路。

不行，路上车辆多，这样太危险了。

3 丁丁建议翻栏杆过马路，灵灵觉得太危险。

你说的很对！

4 丁丁觉得灵灵说的很有道理，就跟她一起从斑马线过了。

你过马路时，走斑马线了吗？马路旁边有很多安全标识，你都认识吗？请你把下面的安全标识与它对应的名称连起来。

请走斑马线

禁止停留

禁止停车

小心车辆

前方施工

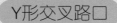

Y形交叉路口

1 丁丁站在路边等红绿灯。

（快点回家，肚子好饿！）

2 这时，绿灯亮了，丁丁慢吞吞地过马路。

（哈哈，真好玩！）

3 刚走到马路中间，红灯却突然亮了。

（啊，红灯亮了！）

4 这下怎么办？看着马上要启动的车辆，丁丁不知所措。

（怎么办？）

交通部门会根据街道的车流量和人流量来设置路口的红绿灯转换时间。小朋友过马路看到绿灯亮起时一定要尽快通过，不要逗留。

绿灯突然变红灯，请这样做：

① 待在原地不动，时刻注意过往的车辆，避免蹭到自己。

② 不与通过的车辆"赛跑"，也不能强行穿过马路，避免发生交通事故。

03 汽车着火了

1 丁丁坐在公交车上。

2 突然闻到了一股味道，好像是什么东西烧焦了。

啊，着火了！

3 丁丁从车窗探出头一看：不好，汽车着火了！

4 司机赶紧组织大家有秩序地下车。

小朋友，乘坐汽车时，突然遇到汽车着火，你知道该怎么办吗？
赶紧来学习一下这些安全知识吧！

① 如果是汽车自身着火，可以从车门处逃离。

② 不拥挤，听司机或售票员的指挥，按秩序下车。

③ 如果是汽车碰撞着火，车门也无法打开时，可以迅速用救生锤敲碎车窗，从车窗逃生。

04 马路不是游乐场

1 丁丁和灵灵在马路上玩踢毽子。

2 这时，一辆车开过来差点撞到灵灵。

3 警察叔叔看见了，走过来把他们带到了马路边。

4 警察叔叔教育他们不能在马路上玩耍。

小朋友，在马路上玩耍，很容易发生危险。下图中有些行人的行为也很危险，请你用红笔把他们圈出来。

1 丁丁坐在车窗旁边，看着窗外的景物。

2 迎面突然开来一辆车，司机紧急刹车也不管用。

3 两辆车撞到了一起。丁丁跟着撞到了前面的椅子上。

4 丁丁的脑袋撞出了一个大包，乘客们都很紧张。

遇到紧急状况，司机一般都会紧急刹车。遇到紧急刹车，我们应该怎样保护自己呢？一起来学习一下吧！

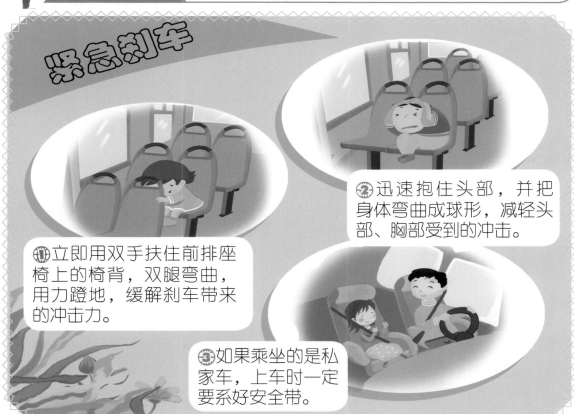

紧急刹车

①立即用双手扶住前排座椅上的椅背，双腿弯曲，用力蹬地，缓解刹车带来的冲击力。

②迅速抱住头部，并把身体弯曲成球形，减轻头部、胸部受到的冲击。

③如果乘坐的是私家车，上车时一定要系好安全带。

1 灵灵在大街上迷路了。

2 突然，灵灵想到了一个好办法。

3 原来，灵灵是打算向警察叔叔求助。

4 警察叔叔把灵灵送回了家，临走时还夸她聪明呢。

安全小游戏

小朋友，在街上迷路的时候，你觉得要记住下面哪些信息是可以帮助你回家的呢？用红笔圈出来。

07 晕车好难受

1 丁丁要去坐公交车了，路上他吃了很多东西。

2 丁丁上了公交车后，找了个座位坐下来。

好难受!

3 一路上，公交车摇摇晃晃，丁丁感到头晕恶心。

4 丁丁一下没忍住，"噗"地一下，吐了一地。

坐车遇上颠簸，如果坐车前和坐车时都不注意，那犯头晕、恶心的人就是你啦！下面，让我们一起来学习不晕车的知识吧！

① 乘车前不要吃太饱，防止晕车。

② 提前使用预防晕车的药物。

③ 上车后，打开车窗，让空气流通。

④ 晕车时，尽量不看路边的风景，闭目养神，或朝前看。

1 丁丁和灵灵两人在公园玩游戏。

哎呀！

2 灵灵突然摔倒在地上。

3 丁丁跑过去一看，原来灵灵脚底踩到了一颗钉子。

4 丁丁赶紧扶着灵灵在路边坐了下来。

小钉子很不起眼，但是，如果被它扎到了，那可不是小事哦！怎样处理？快看看下面的做法吧！

安全秘籍

① 一定不能自己把钉子拔出，以免发生危险。
② 先去医院外科清理伤口，拔出钉子，再打破伤风针。

1 中午的阳光强烈，丁丁和灵灵在球场上玩篮球。

我这是怎么了？

2 丁丁玩得满头大汗，一停下来，觉得有点头晕想吐。

你可能中暑了！

3 灵灵一看情况不对，马上扶他到阴凉的地方去休息。

休息一下，多喝点水！

4 灵灵买来了水，丁丁喝了以后感觉好多了。

夏天天气炎热，户外运动过多的话，容易中暑。下图中中暑以后的处理方法正确吗？你还有没有其他补充？

扇风降温

把腿抬高

到阴凉处休息

用凉水擦拭身体

清醒时多喝水

10 沙子吹进了眼睛

1 灵灵在院子里玩沙子。

2 一不小心，沙子进了眼睛，灵灵使劲揉眼睛。

3 妈妈看到了，及时制止了灵灵揉眼睛的行为。

4 灵灵闭上眼睛，妈妈帮她把沙子弄了出来。

小朋友都喜欢堆沙子玩，不过玩的时候可一定要注意哦，不能把沙子弄到眼睛里面去了。如果不小心将沙子弄到了眼睛里面，请这样做：

方法一：闭上眼睛，低下头，把上眼皮向外提起，轻轻抖动几下，刚进入眼睛的沙子都会自动掉出来。

方法二：先轻轻闭上眼睛，然后向下看，流些眼泪，沙子也会冲洗出来。

方法三：如果眼睛磨得很痛，直接去医院，请医生帮忙取出来。

11 小蜜蜂不好惹

1 老师带着小朋友们去野炊，丁丁负责拾柴。

啊！有蜜蜂！

2 丁丁不小心碰到了蜂窝，一群蜜蜂追着他飞了出来。

大家快蹲下，用衣服捂住头！

3 老师看见了，连忙喊大家蹲下，用衣服捂住头。

下次要小心呀，蜜蜂可不好惹！

4 老师快速点燃了一支火把，把蜂群赶跑了。

被小蜜蜂蜇伤，一般皮肤会红肿，不要慌张，你只要按照下面的方法去做就会安全的。

① 如果蜜蜂的毒针刺到皮肤里，可用胶布先拔去毒刺。

② 立刻用清水和肥皂清洗被蜇伤的地方。

③ 搽上万花油或红花油、绿药膏等药物，观察半小时，仍不舒服要去看医生。

12 风筝缠在了大树上

1 今天天气真好，丁丁到公园里去放风筝。

啊!

2 一阵大风刮来，丁丁的风筝缠在了大树上。

怎么办?

3 丁丁不知道怎么办才好，准备爬树上去拿风筝。

风筝可以叫大人帮忙取，你这样爬树太危险了!

谢谢爷爷!

4 一位老爷爷看见了，赶紧把他从树上抱了下来。

小朋友，你放风筝时，有遇过风筝缠在树上的情况吗？如果有下面这些工具，哪些能帮助你安全地取下风筝？请用红笔把它勾出来。

13 在郊外迷路了

1 老师组织大家一起到郊外游玩。

2 灵灵忽然看到路边有一只美丽的蝴蝶在飞。

3 灵灵只顾去捉蝴蝶了，没有跟上队伍走。

4 丁丁回头一看，灵灵竟然不见了。

外出郊游时，一切行动要听从老师指挥，千万不要擅自离开队伍。野外有很多未知的危险，小朋友们很难独自处理。

① 不得不离开一会儿的时候，必须告诉带队老师。

② 不要躲到草丛里；不要采食野果、野菜；不要触摸不明物体。

③ 迷路后不到处乱跑，在原地等待，大声呼救同伴，等待他们的救援。

14 安全荡秋千

1 丁丁和灵灵在操场上荡秋千，玩得很开心。

我要站着玩！

2 轮到丁丁了，他想站到秋千上玩。

站着玩很危险的！

3 灵灵连忙制止了他。

你说的很对！

4 丁丁也觉得很危险，就下来跟灵灵一起坐着玩。

荡秋千，真好玩儿。但是，只有安全地玩，才能享受到荡秋千的快乐。

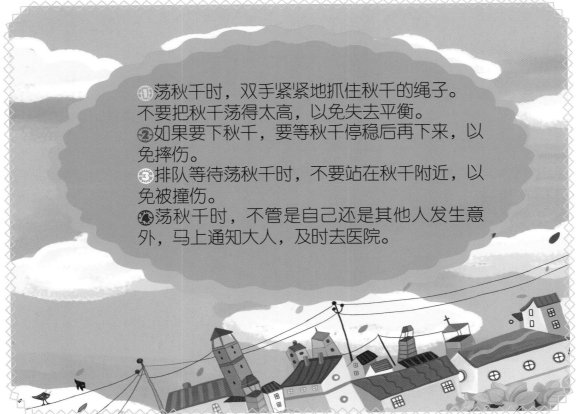

①荡秋千时，双手紧紧地抓住秋千的绳子。不要把秋千荡得太高，以免失去平衡。

②如果要下秋千，要等秋千停稳后再下来，以免摔伤。

③排队等待荡秋千时，不要站在秋千附近，以免被撞伤。

④荡秋千时，不管是自己还是其他人发生意外，马上通知大人，及时去医院。

15 一不小心扭到脚

1 老师带小朋友们在操场上踢足球。

2 丁丁踢球太用力，把脚给扭伤了。

3 老师赶紧过来看一下。

4 老师抱着丁丁到医务室，用冰块敷在脚踝处。

踢球时难免会不小心扭伤脚。如果不小心扭伤脚，要怎样处理呢？下面这些物品你都会用吗？

冰块

毛巾

针剂

酒精

药丸

纱布

创可贴

16 小虫咬了我

1 丁丁躺在草坪上晒太阳。一只小虫悄悄地咬了他一口。

2 回到家后,丁丁一直觉得脚痒,忍不住想挠。

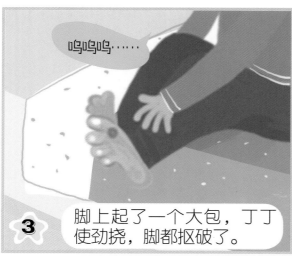

3 脚上起了一个大包,丁丁使劲挠,脚都抠破了。

4 丁丁痒得没有办法,在家里跺脚哭闹。

小朋友，被讨厌的小虫子叮咬了，你都是怎么处理的呢？这里有一些绝好的方法教你处理蚊虫叮咬后的奇痒和红包，快来学习一下！

①用香皂清洗。

②涂上花露水、风油精。

③用盐水涂抹，或者是冲泡。

④用芦荟汁涂抹。

⑤把蒜瓣掰开涂抹。

17 衣服着火了

1 丁丁新买了一支烟花，他高兴地拿给灵灵看。

2 丁丁得意地点燃了烟花。

3 丁丁站得太近，火一下烧到了他的衣服。

4 丁丁吓得到处乱跑。

小朋友燃放烟花时要有大人陪同，烟花点燃后要迅速跑开。下图中小朋友的衣服着火了，哪些做法是正确的？请你打上"√"。

脱掉着火的衣服。

在地上来回翻滚，压灭身上的火苗。

到处乱跑。

请身边的人找水来帮忙灭火。

1 丁丁和灵灵在公园玩。

这棵小草好漂亮啊!

2 灵灵看到一棵特别的小草,伸手去摸。

啊!好痛!

3 突然,灵灵尖叫了一声。

4 丁丁跑过去一看,原来小草划伤了灵灵的手。

小朋友，你知道吗？很多小草都有刺或者锯齿哦！为了防止感染，被小草刺伤或者划伤后，请一定要处理一下：

①如果是刺伤，请用医用胶布拔出刺。

②用清水冲洗。

③用酒精或清凉油擦一擦。

④贴上创可贴。

1 丁丁路过一个小院子，看到一只很漂亮的小狗。

2 丁丁想要跟它玩，小狗不理睬他，反而开始大叫。

3 丁丁吓得要哭了，还好狗的主人拉住了它。

4 狗的主人告诉丁丁，陌生的小狗不能随便去招惹。

当你在路上遇到一只狗，千万不要急着想去和它玩耍，它很可能并不想和你亲近。
遇到恶狗的时候怎么做？赶紧学习一下。

① 不要靠近陌生小狗，不要直盯着狗看。

② 被狗追赶时，不要急忙跑开，要慢慢走开。

③ 走开后不要回头看，不要对狗大叫。

20 耳朵进了小虫子

1 丁丁坐在草地上玩玩具，一只小虫子在空中飞。

哇，这里有一条隧道!

2 小虫子飞到了丁丁的耳朵边上。

哇!

3 不好，小虫子飞进了丁丁的耳朵里。

4 丁丁急得捂住耳朵大哭。

小朋友们在观看运动会时，一定要严格遵守运动会的安全事项，时刻保护自己。

① 不要乱掏耳朵。

② 用手电筒照耳朵洞，小虫会顺着光亮爬出来。

③ 滴一滴香油到耳朵里，小虫子会闷死。

④ 请医生把小虫冲洗出来。

1 丁丁和灵灵走在路上，发现一只小狗一直跟着他们。

2 小狗好脏，不停地冲着他们摇尾巴。

3 丁丁想把它带回家，灵灵担心小狗身上有病菌。

4 两人就这样看着小狗，不知道怎么办才好。

安全一点通

　　流浪的小动物没有注射疫苗，身上通常带有病菌，小朋友们如果遇到了，千万不要靠近。如果你想帮助它，请这样做：

①打电话向小动物保护协会求助。

②如果你想收养它，要征得爸爸妈妈的同意，并给它检查身体，打各种应打的疫苗。

22 露营真开心

1 丁丁一家要去露营了，丁丁高兴地收拾行李。

2 到了目的地，大家各自整理东西。

3 爸爸在搭帐篷，丁丁也爬去帮忙。

啊！壁虎！

4 丁丁钻到帐篷里面，看到垫子上有一只壁虎。

露营会有一些危险，小朋友不能独自去露营哦！如果有大人带你去露营，记得注意下面这些安全事项：

①露营时，带上这些物品：指南针、打火机、手电筒、绳子、哨子、小刀、手帕、长袖衣和长裤。

②在野外使用明火时要注意安全，离开时不要留下明火，照明尽量不使用明火。

③搭帐篷时，选择在平地上搭帐篷，不要在河岸或山坡下搭帐篷。

④从帐篷出来穿鞋时，要把鞋往地上倒一倒，防止有昆虫或蛇钻到鞋里把人咬伤。

1 灵灵在篮球场上看几个男孩子打篮球。

2 传球的时候，一只球朝灵灵飞了过去。

哎哟!

3 球"啪"一下就砸到了灵灵的眼睛。

啊!

4 灵灵的眼睛被砸肿了，头昏目眩。

安全一点通

小朋友，看球的时候尽量离球场远一点，以免伤到自己。如果不小心被球砸到了眼睛，请这样做：

1 闭着眼睛稍微休息一下，然后检查受伤情况，如果还是感到特别痛或流血，及时去医院就医。

2 球砸到眼睛后，不要慌张，不用手去揉眼睛，更不能用任何东西去清洗。

1 灵灵和丁丁在玩游戏。

你撞到我的鼻子了!

2 丁丁不小心用胳膊肘撞到了灵灵。

别怕,我有办法!

3 灵灵流鼻血了,丁丁赶紧停下来帮忙。

4 丁丁赶紧从口袋拿出手帕,给灵灵的鼻孔堵上。

突然流鼻血并不是一件可怕的事，只要用简单的方法就可以处理好了！

①低头捏住鼻子5~10分钟，并用口呼吸。

②用冷水冰敷额头或者拍打后颈，促使血管收缩。

③反复少量出血时，要上医院检查。

1 丁丁晚上回家走在黑漆漆的马路上，感到很害怕。

我害怕！

2 走着走着突然听到后面有奇怪的声音。

什么声音？

3 丁丁害怕遇上了坏人，就回头看了一下。

会不会是……

4 原来是一只猫，丁丁松了一口气。

原来是你呀，吓我一跳！

安全一点通

小朋友，当你一个人走在偏僻的马路上，你会害怕吗？你知道这个时候你应该注意哪些安全问题吗？快来学习一下吧！

①晚上尽量早点回家，要结伴而行。

②走人多、路灯亮的地方。

③不要随身携带贵重物品或骑高档自行车。

④携带应急手电筒和口哨。

⑤遭遇抢劫不要反抗，记住容貌特征，事后报警。

26 坐飞机耳朵疼

1 丁丁和爸爸妈妈一起坐飞机去旅游。

2 飞机起飞没多久，丁丁就感觉耳朵开始疼。

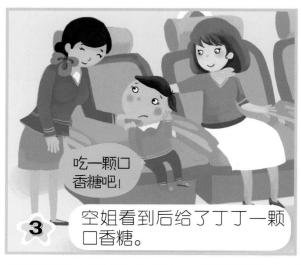

3 空姐看到后给了丁丁一颗口香糖。

4 丁丁嚼了嚼，耳朵真的没有那么疼了。

当飞机起飞时，周围的空气压力迅速改变，造成耳朵内外的气压在短时间内会不一样，这时耳朵就会出现耳塞或者胀疼的现象。

坐飞机这样预防耳朵疼：

咽口水

吃东西

打哈欠

嚼口香糖

1 放学了，校门口很多同学和家长。

2 一个陌生男人走过来跟丁丁打招呼。

3 这个人是谁呀？丁丁怎么也想不起来。

4 这时候爸爸正好来了，陌生人灰溜溜地跑了。

如果有一个陌生人说认识你，千万要提高警惕，不要听信他的话，也不要跟他走。遇到下面这种情况，你知道拨打哪个电话吗？

有陌生人搭讪

110 119 120

28 有人给我糖果和玩具

1 丁丁去街上买冰淇淋。

2 路边冒出一个陌生人，要给丁丁一个棒棒糖。

3 丁丁很想吃，可是想起老师说过不能吃陌生人给的食物。

4 最后，丁丁坚决地转头就走了。

一个人在外面的时候，千万不要接受陌生人给你的食物和玩具，他很可能是人贩子哦！那么，一个人在外面需要注意什么呢？

①和同学们结伴出行，不吃、不闻、不接受陌生人递过来的食品和饮料。

②随身不带贵重物品，不单独进入陌生人房间。

③不搭乘陌生人的车。

1 丁丁家楼层很高，上学、回家都要搭乘电梯。

啊！

2 有一次丁丁回家时，电梯突然卡住了，丁丁吓得大叫。

放我出去，我要回家！

3 丁丁在电梯里面慌乱地按楼层键，拍打电梯门。

谁来救救我呀！

4 过了一会儿还是没人来救丁丁，丁丁急得大哭起来。

被困电梯其实并不可怕，按照下面的步骤去做，你很快就能脱险啦！

①不要惊慌。

②不要强行扒门、拍打门。

③通过电梯内的对讲机或电话联系救援中心。

1 放学了，丁丁和小军在校门口等爸爸妈妈来接。

2 俩人开始互相讲起自己的趣事，很快就成了朋友。

我们去那边玩一会儿吧！

3 趣事讲了很多，爸爸妈妈还没来，丁丁提议去一边玩。

4 俩人手拉手就跑去路边的建筑工地玩了。

安全一点通

建筑工地到处存在危险，它可不是"游乐场"啊！下图中的小朋友们有可能会发生什么样的危险？请你来说一说。

1 下雪了，灵灵看见窗外很多小朋友都在打雪仗。

2 灵灵系上围巾，戴好手套，高兴地跑下楼。

3 灵灵打开门就开始狂奔。

4 路面很滑，灵灵一下就摔倒了，撞在一棵树上。

下雪天的地面很滑，小朋友不小心的话，很容易摔倒。

以后雪天出行，你可以这样做：

① 雪后外出要一慢、二看、三迈步。

② 如果不小心摔倒，就用双手或胳膊肘撑地爬起来。

③ 不要提很重的东西。

③ 双手不要揣在兜里，来回摆动可以让身体保持平衡。

32 被鞭炮炸伤了

1 过年啦，丁丁和灵灵买了很多烟花爆竹。

2 丁丁挑了一个大的爆竹，点给灵灵看。

3 两人站在远处等，过了好一会儿，爆竹还没炸。

4 丁丁凑过去看看，结果被爆竹炸伤了。

逢年过节，小朋友们都喜欢燃放烟花爆竹。你知道如何避免烟花爆竹的伤害吗?一起来学习一下吧。

安全早知道

①到正规的商店去购买烟花爆竹，避免买到假冒伪劣产品。

②烟花爆竹点火后没有爆，要等待10分钟之后再处理。

③点鞭炮的时候放在地上或者挂在长竿上，不要拿在手里，更不要在城市里各种路面的井盖上放鞭炮。

④不要在鞭炮仓库附近玩火，以免发生灾祸。

1 丁丁去河边抓鱼。

2 鱼儿真调皮，丁丁不知不觉跟着鱼儿走向了河中间。

救命啊！

3 脚下好滑，丁丁一下掉进了河里。

4 路边有一位叔叔看到后，赶紧跳下水去救他。

没有大人带领，小朋友去无人看管的水域玩耍是很危险的。万一掉进水里，一定要冷静，学会用正确的方法来自救：

① 不要惊慌，先尝试自己站起来。

② 看看身边有没有漂浮的物体可以抓住，然后大声呼救。

③ 憋一口气，双手抱膝，让身体漂浮起来，然后把头慢慢露出水面，缓慢呼吸。

34 公交车上的怪叔叔

1 灵灵坐公交车回家，车上人很多，比较拥挤。

2 有一个叔叔老是在灵灵身后挤她，还伸手摸她的脸。

3 灵灵转头瞪了他一眼，那人立即把手缩了回去。

4 当他再靠过来时，灵灵一把他推得老远。

在公交车上，遇到坏人的骚扰，千万不要感到不好意思或害怕，而保持沉默，这样，只会让自己受到更大的伤害。你可以这样做：

①站到离他远一点的位置。

②使劲踩他的脚，以示警告。

③告诉乘务员或司机，请他们帮忙报警。

35 注意！有小偷

1 爸爸的手机真好玩，灵灵走路都在玩，一直玩到没电。

啊！有小偷偷手机啊！

2 灵灵把它放进口袋没多久，一个小偷悄悄偷走了它。

小偷，站住！

3 灵灵发现后，连忙大叫，警察赶来抓住了小偷。

以后要小心小偷啊！

谢谢！

4 警察把手机还给灵灵，并告诉她以后不能乱拿大人的手机。

小偷真讨厌，如果不小心防范他们，我们的财物就很可能被他们偷走。
赶快来学习一下如何防小偷吧！

如何防小偷：

① 不要在外面人多的地方毫不遮挡地掏钱包、翻口袋。

② 现金和财物要放在包里，放在口袋里时，容易鼓起，引起小偷注意。

③ 背包不要放在身后，尽量放在胸前。

④ 不要跟人拥挤碰撞，不给小偷可乘之机。

36 有毒的小动物

1 丁丁看见树上有一只大黑蜘蛛在织网。

2 丁丁拿来一根树枝，把蜘蛛戳掉在地上继续玩。

3 蜘蛛狠狠咬了丁丁的手背，手背马上就肿了。

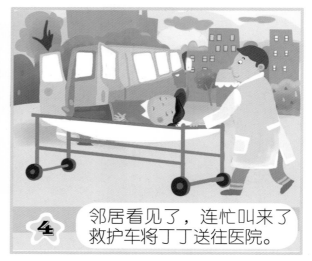

4 邻居看见了，连忙叫来了救护车将丁丁送往医院。

安全
小游戏

大自然里有很多动物，看起来很小，可是它们的毒性可不小哦！下面这些动物，你知道哪些是有毒的，哪些是无毒的吗？

1 丁丁和灵灵走在路上，突然来了一阵大风卷着黄沙。

我看不见路了！

2 风吹得他们眼睛都睁不开。原来是沙尘暴来了。

啊！广告牌掉下来了！

3 楼上有一块招牌被刮到了地上。

嗯！

先找个地方躲起来吧！

4 丁丁赶紧带灵灵找了个地方躲了起来。

沙尘暴是一种恶劣的天气现象。沙尘暴发生时，不要在户外逗留，要赶快躲到室内。这里有一些对付沙尘暴的办法，一定要看看哦！

① 选择坚固的房屋躲避风沙。

② 无处躲藏时，可以蹲靠在能避风沙的矮墙处，

③ 佩戴口罩。

④ 远离商业建筑，以免被广告牌等落下的东西砸伤。

⑤ 沙子吹到眼睛里，不要用手去揉，回家向爸爸妈妈求助。

38 电影院着火了

1 丁丁和灵灵在电影院看电影。

2 突然，电影院门口有人大喊"着火了"。

3 丁丁和灵灵赶紧往安全出口跑。

4 俩人安全地跑出了电影院，电影院已是火光冲天。

如果你在看电影时，遇上火灾，不要惊慌，一定要听从工作人员的指挥，有秩序地离开。逃生时，一定要注意下面这些安全事项：

① 在无路可逃的情况下，可以躲在卫生间或阳台、楼层平台，等待救援。

② 遇到电影院或商场着火，千万不能坐电梯，应该走楼梯逃生。

安全出口

①↓

③ 发生火灾后会产生大量的有毒气体，逃生中，要用湿毛巾或衣服捂住口鼻，防止中毒。

39 人群拥挤防踩踏

1 今天的商场特别热闹，电梯上挤满了人。

2 丁丁和灵灵也去商场凑热闹，他们还在商场里追逐打闹。

3 扶手梯上的人太多，丁丁窜来窜去，一下就滚下去了。

4 还好灵灵提醒了周围的人避让，不然丁丁就会被踩踏了。

在人群拥挤时，前面的人突然摔倒，很容易引起踩踏事故，造成挤伤或摔伤。
如果遇上踩踏事故，请这样做：

① 看见前面有人摔倒，不要惊慌。

② 停下脚步，大声呼救，提醒后面的人不要靠近。

③ 发生拥挤时，提高警惕，防止自己被绊倒、被踩踏。

④ 被推倒时尽量靠近墙壁，身体蜷成球状来保护自己。

1　丁丁出门看到了雾蒙蒙的一片。

2　丁丁走着走着，都快看不清路了。

3　突然后面来了一辆摩托车，把丁丁撞到了。

4　还好摩托车车速不快，不然丁丁可要受伤了。

迷雾天气能见度很低，人们难以分辨周围的情况，容易发生碰撞事故。遇到大雾天，我们要怎样保证自己的安全呢？赶快学习一下：

①尽量穿彩色的衣服出门。

②行走时打开手电筒，提醒他人避让。

③雾气太大，可在安全区域内等雾气散去再走。

41 远离下水井

1 丁丁和灵灵在一个下水井旁边玩。

2 丁丁看到下水井的井盖没有盖上。

里面有人吗?

3 灵灵对着井下喊了几声。

没有盖上的下水井很危险!

4 民警叔叔担心他们发生危险,将他们带回了家。

在城市里，没有盖上的下水井就是张着嘴巴的"大怪兽"，掉下去的话，随时会要了人的性命。快来依照下面的建议，好好保护自己吧！

①不在井盖上玩耍，走路的时候要绕开下水井；

②遇到有人在井下施工，不要靠近围观。

③发现缺少井盖的下水井，及时报警处理。

④掉进下水道后，不要慌张，高声呼救，引起路人的注意。

⑤在下水道里，尽量保护自己的头部，避免上面落下的石头或其他东西砸伤自己。

42 "不一样"的人

1 街上有个行为古怪的人，他头发很乱，衣衫不整。

2 丁丁和同学们感到好奇，都跟着他身后走。

3 那人一回头，同学们都其冲他做鬼脸，嘲笑他。

4 那个人生气了，大吼一声，吓得小朋友们赶紧跑。

有时候在街上会看到"不一样"的人，头发乱糟糟，自言自语，大声唱歌……这些行为怪怪的人有可能是患有精神疾病的人。

1. 发现行为古怪的人，不要靠近。

2. 不取笑、不戏弄、不刺激他们。

3. 万一被袭击，迅速跑到安全的地方，并拨打110求助。

43 雷声隆隆雨来临

1 天空晴朗，灵灵哼着歌走在路上。

2 突然，天空中乌云密布，雷声隆隆。

3 眼看要下大雨了，灵灵跑到一棵大树下躲雨。

好吓人啊！

4 一道闪电劈到了旁边的大树，树枝都被劈断了。

打雷下雨的时候不宜呆在户外，更不能躲在大树下面。下面这些事情，哪些要做哪些不要做，你一定要记得哦！

① 要关好门窗。 ② 要停止使用电器。 ③ 不要在雨中骑车。

④ 不要在大树下避雨。 ⑤ 不要使用手机。

⑥ 不要在雨天下河游泳。 ⑦ 不要在高压电线附近玩耍。

1 窗外下大雨了，丁丁躲在被窝里很害怕。

2 雨越下越大，外面很多屋子都被洪水淹了。

3 洪水会涨到家里来吗？丁丁赶紧跑去告诉爸爸。

4 爸爸妈妈看着洪水，马上想好了应对的方法。

遇到突如其来的水灾时，如果来不及逃生，也不必惊慌，可以往高处的地方去，如爬到大树上、结实的楼房顶，等待救援。

①爬到树上等待救援。

②爬上屋顶，敲击面盆，挥舞红领巾，大声呼救，等待救援。

1 丁丁、灵灵和小伙伴们在公园里玩耍。

2 突然大地开始摇晃，街边的楼房也在晃动。

3 丁丁以为是自己眼花了。

4 原来是地震了，管理员赶紧跑来通知大家逃生。

地面突然摇晃时，很可能是发生了地震。在户外发生地震时，最重要的是先远离陡崖，防止滑坡、泥石流的威胁，保护好自己。

地震小常识

③不要拥挤，以免踩踏。

②立即跑到空旷的地方。

①远离墙壁，避免崩塌。

编委会成员名单：

邓妍　许　凯　彭　凡　凌翔　姜文成　刘　芳　邢国良　左志礼
郭思辰　陈文娟　周卓航　蒋　琳　赵雪梅　胡雁行　唐羽佳　雷金艳

图书在版编目（CIP）数据

在户外／彭桂兰主编．—北京：农村读物出版社，
2014.9（2018.12重印）
（孩子的第一套安全自救书）
ISBN 978-7-5048-5738-5

Ⅰ．①在… Ⅱ．①彭… Ⅲ．①安全教育-少儿读物
Ⅳ．①X956-49

中国版本图书馆CIP数据核字（2014）第200006号

策划编辑：黄曦
责任编辑：黄曦　　　　　装帧设计：花朵朵图书工作室

出　　版：农村读物出版社(北京市朝阳区麦子店街18号楼　邮政编码100125)
发　　行：新华书店北京发行所
印　　刷：北京中科印刷有限公司
开　　本：880mm×1230mm 1/24
印　　张：4
字　　数：100千字
版　　次：2018年12月北京第8次印刷
定　　价：20.00元

（凡本版图书出现印刷、装订错误，请向出版社发行部调换）